Sitzungsberichte
der Akademie der Wissenschaften
der DDR
Mathematik – Naturwissenschaften – Technik

5 N

1981

Otto Henkel

Ungeordnete Festkörper – Ausgangspunkt neuer Werkstoffklassen

AKADEMIE-VERLAG · BERLIN

Sitzungsberichte
der Akademie der Wissenschaften
der DDR
Mathematik — Naturwissenschaften — Technik

Jahrgang 1981 · Nr. 5/N

Otto Henkel

Ungeordnete Festkörper – Ausgangspunkt neuer Werkstoffklassen mit komplexer Verbindung physikalischer, mechanischer und chemischer Eigenschaften

AKADEMIE-VERLAG · BERLIN
1981

Vortrag von Otto Henkel, Ordentliches
Mitglied der Akademie der Wissenschaften
der DDR in der Wissenschaftlichen Sitzung
des Plenums am 17. April 1980

Herausgegeben im Auftrage
des Präsidenten der Akademie
der Wissenschaften der DDR
von Vizepräsident Prof. Dr. Heinrich Scheel

Erschienen im Akademie-Verlag, 1080 Berlin, Leipziger Str. 3—4

Lizenznummer: 202 · 100/55/81
Gesamtherstellung: VEB Druckhaus Köthen
Bestellnummer: 762 938 3 (2010/81/5/N) · LSV 1185
Printed in GDR
DDR 2,— M

1. Einleitung

Die Festkörper bilden gemeinsam mit den Flüssigkeiten die kondensierten Zustandsformen der stofflichen Materie, deren Kennzeichen die hohe Dichte und die relativ dichte Packung der atomaren Bausteine ist.

Wohl denkt man in der Regel bei einem Festkörper zunächst an einen in der Mikrostruktur kristallinen weitgehend geordneten Zustand der Atome oder Moleküle als Bedingung für die Festigkeit durch die Bindungskräfte. Doch kennt man auch seit tausenden von Jahren den glasartigen Zustand, den man mehr oder weniger mit einem ungeordneten der Elementarbausteine verband, einer Art unterkühlter, eingefrorener Schmelze. Beide Extremzustände sind immer mit sowohl topologischen als auch kompositionellen Unvollkommenheiten verbunden, einerseits durch Kristallite mit Defekten, Versetzungen und Korngrenzen und andererseits mit Teilordnung, Clustern und Präformationen in der Schmelze.

Wenn man sich heute aus der Sicht der Werkstoffwissenschaft dieser Problematik widmet, so kann man nicht nur über ideale und reale Strukturen, über Modelle und gesicherte Untersuchungsergebnisse berichten, sondern muß im breiten Umfang die Struktur der Werkstoffe einerseits mit ihrer Herstellung und andererseits mit ihren Eigenschaften und Anwendungen verbinden und eine breite Klasse von Werkstoffen betrachten, für die Unordnung das charakteristische Merkmal ist und nicht nur Abweichungen von einer idealen kristallinen Struktur auftreten. Dabei sollen im folgenden schwerpunktmäßig die amorphen Metalle, präziser die Eisenbasis-Metalloid-Festkörper, betrachtet und damit deren Bedeutung für den wissenschaftlich-technischen Fortschritt charakterisiert werden.

Anliegen des vorliegenden Berichtes soll sein, einen großen Kreis von Forschern der verschiedensten Disziplinen auf einen gewissen qualitativen Umschwung in der sonst an Ergebnissen recht soliden, meist von spektakulären Neuerungen entfernten Werkstofforschung aufmerksam zu machen und Schlußfolgerungen innerhalb der gesamtgesellschaftlichen Entwicklung zu ziehen. Denn die Wandlung bzw. Veredlung der Rohstoffe zu Werkstoffen befriedigt wichtige Bedürfnisse der Gesellschaft und die Werkstoffe machen die Kosten technischer Finalprodukte zu mehr als 50% aus.

Lassen Sie mich eingangs in aller Kürze einige Bemerkungen zu der Bedeutung der Werkstoffe allgemein machen, um dann auf die Werkstoffstrukturen in der sich bedingenden Kette Herstellung—Struktur—Eigenschaften—Anwendung einzugehen und schwerpunktmäßig die in den letzten Jahren so explosionsartig sich herausbildenden Kenntnisse über amorphe Metalle oder anders genannt metallische Gläser vorzustellen, teilweise mit einem Seitenblick auf nichtmetallisch-anorganische Werkstoffe. Die organischen Stoffe werden in die Betrachtungen nicht einbezogen, obwohl auch hier, wie es scheinen will, das Gebiet zwischen geordnet — teilgeordnet — ungeordnet, die Zustände stabil — metastabil — unstabil oder die gleichzeitig vorhandenen verschiedenen mikrokristallinen Zustände von Bedeutung sind.

Von Werkstoffen wird oft im Zusammenhang mit der Beschleunigung des wissenschaftlich-technischen Fortschritts gesprochen. Es sind Stoffe oder Stoffkombinationen, die durch Geschick und Gewandtheit des Menschen einen gewissen Grad der Vollkommenheit erhalten und allein oder mit anderen Objekten kombiniert zur Herstellung bestimmter Erzeugnisse Verwendung finden.

Man unterscheidet vier Werkstoffgruppen: metallische, nichtmetallisch-anorganische, organische sowie Verbund-Werkstoffe, die durch Kombination von jeweils mindestens zwei der drei genannten Grundwerkstoffe mit unterschiedlichen Eigenschaften entstehen. Aus chemischer Sicht kann eine Unterteilung nach den verschiedenen Bindungsarten (heteropolar, homöopolar, metallisch und van der Waals-Kräfte) und physikalisch nach den Eigenschaften, insbesondere der elektrischen Leitfähigkeit vorgenommen werden.

Erinnert sei daran, daß die Werkstoffe die Menschen schon eine lange Zeit in der Entwicklungsgeschichte begleitet haben und die Einteilung der Perioden in Steinzeit, Bronzezeit, Eisenzeit inhaltlich nicht nur dem Übergang von natürlichen zu künstlich hergestellten Werkstoffen mit immer besseren Eigenschaften entspricht, sondern auch die Prägung der Zeitperioden zunehmend durch das Eisen festzustellen ist. Von einer wissenschaftlichen Erforschung des Eisens bzw. seiner Verbindung mit Kohlenstoff, den von Stahl und anderer metallischer Legierungen kann aber erst in den letzten 200 Jahren gesprochen werden. Zur Zeit sind etwa 12 000 verschiedene Eisenlegierungen bzw. Eisenbasislegierungen bekannt. Die bevorzugte Stellung der Eisenwerkstoffe beruht nicht nur auf dem weit gefächerten Eigenschaftsspektrum zur Befriedigung der verschiedenartigsten Verbrauchsanforderungen, sondern in den relativ großen Rohstoff-Ressourcen und in den relativ günstigen Herstellungsmöglichkeiten. Nicht zu unterschätzen ist die Mehrfachnutzung und der Beitrag zur Lösung des Energieproblems.

2. Struktur der Werkstoffe

Die Festkörperphysik hat unter Benutzung von Modellvorstellungen, die von einer idealperiodischen Anordnung der Atome ausgehen, bemerkenswerte Fortschritte im Verständnis einer Vielzahl von Erscheinungen erzielt.

Für eine große Anzahl der realen Systeme ist jedoch die Unordnung in der Struktur bzw. den das System beschreibenden Parametern oder in beiden ein wesentliches und zumeist bestimmendes Merkmal.

Es ist z. B. eine empirische Erfahrungstatsache, daß die elektronischen Eigenschaften des Festkörpers im wesentlichen durch die Natur und den Grad der Nahordnung bestimmt sind und kaum durch den Wegfall einer langreichweitigen Ordnung beeinflußt werden.

Die Systeme mit hoher Unordnung in der Struktur bergen eine gewisse Herausforderung an die theoretische Beschreibung der elektronischen Struktur mithin ihrer physikalischen Eigenschaften in sich.

Am Anfang einer tieferen Betrachtung zu den Werkstoffstrukturen müßte eine Erläuterung der Begriffe Ordnung und Unordnung im mikroskopischen Bereich stehen. Eine eindeutige Definition kann man nicht geben. Es ist äußerst kompliziert zu sagen, wo die Ordnung aufhört und die Unordnung anfängt. Nur gewisse Extremfälle sind ausreichend sicher herausstellbar. Lassen Sie mich einige Charakteristika hierzu darlegen.

Ausgangspunkt kann die Thermodynamik sein. Wie sie zeigt, läßt sich die Frage, welcher von allen denkbaren Zuständen eines Systems ohne Eingriff von außen beliebig lange bestandfähig ist, derart beantworten, daß für ihn irgendeine Zustandsgröße, etwa die Energie oder Entropie einen Extremwert annimmt. Solche Extremalprinzipien sind durchaus möglich, vor allem wenn man die vergleichenden Zustände in geeigneter Weise einschränkt, z. B. indem man nur diejenigen in Betracht zieht, die den gleichen Druck und die gleiche Temperatur besitzen. Vom praktischen Standpunkt ist das durchaus akzeptabel, denn das Zusammenbringen zweier Metalle wird z. B. gewöhnlich bei vorgegebenem Druck und einer bestimmten Versuchstemperatur durchgeführt, d. h. das Gibb'sche thermodynamische Potential — auch freie Enthalpie genannt — wird ein Minimum. Wenn wir uns verständigen, daß die für das thermodynamische Gleichgewicht eines Systems hergeleiteten Bedingungen keine Aussage über etwaige innere Bedingungen auferlegen, aber für praktische Beispiele hinreichend Aussagen ableitbar sind, kann man folgendermaßen fortfahren:

Der beim raschen Übergang von dem flüssigen in den festen Zustand entstehende feste Körper ist im allgemeinen metastabil, kann aber für viele praktische Fälle als quasistabil betrachtet werden. Wir gehen von der Erfahrungstatsache aus, daß die Erstarrung einer Schmelze gewöhnlich von regellos über ihr Volumen verteilten einzelnen Punkten ausgeht, an denen das Kristallwachstum einsetzt. Es sei vermerkt, daß sich beim Übergang von dem flüssigen in den festen Zustand die makroskopischen Stoffparameter zwar diskontinuierlich, aber nur um etwa 10% oder weniger ändern. Man beobachtet weit geringere Unterschiede in den physikalischen Eigenschaften zwischen der festen und flüssigen Phase des gleichen Systems als zwischen den verschiedenartigen festen oder flüssigen Stoffen.

Die Festkörper bilden gemeinsam mit den Flüssigkeiten die kondensierten Zustandsformen der stofflichen Materie. Ihr Kennzeichen ist die relativ hohe Dichte mithin die relativ dichte Packung der atomaren Bausteine.

Die Untersuchungen zur Präformation in der Schmelze sind noch nicht weit über das Anfangsstadium gekommen und äußerst kompliziert, insbesondere hinsichtlich der Kinetik.

Das Wachstum eines Keimes führt zu einem Kristallindividuum, einem Einkristall. Bei kleiner Keimbildungsgeschwindigkeit und großer Kristallisationsgeschwindigkeit erhält man ein grobes Korn, im umgekehrten Falle feines. Wenn wir die Abweichung des wirklichen oder Realkristalles vom Idealbild der Gittertheorie in Betracht ziehen, können wir die Gitterfehler unterteilen in

- nulldimensionale oder punktförmige Gitterfehlstellen, d. h. Leerstellen, Fremdatome, Zwischengitteratome
- eindimensionale oder linienförmige Gitterfehler, als Beispiel seien Versetzungen genannt
- zweidimensionale Gitterfehler, d. h. Korngrenzen, Stapelfehler, Zwillingsgrenzen
- die dreidimensionalen Bereiche müssen wohl schon als eine neue Phase angesehen werden, auch wenn die Cluster so wie die vorhin genannten Korngrenzen nicht eindeutig zuzuordnen sind.

Diese Cluster bilden sich im Gitter der Matrix als kleine Bereiche erhöhter Konzentration, wie sich z. B. in der Änderung des elektrischen Widerstandes zeigt, auch wenn ein röntgenographischer Nachweis wegen unzureichender Größe mit üblichen Methoden noch nicht möglich ist.

Bei weitgehender Unterdrückung des Prozesses der Keimbildung und des Keimwachstums durch geeignete Wahl der Zusammensetzung und insbesondere eine Schnellabkühlung, d. h. das Überschreiten eines kritischen Wertes der Abkühlung zwischen Liquidustemperatur und der sog. Glastemperatur, so entsteht ein Zustand, den wir mit amorph bezeichnen oder aber aus struktureller oder kompositioneller Sicht mit ungeordnet, präziser weitgehend ungeordnet oder aus thermodynamischer Sicht mit metastabil.

Bezüglich der verschiedenen Arten der Unordnung in derartigen Festkörpern läßt sich folgende Klassifikation treffen (Abb. 1).

1. *Kompositionelle Unordnung,* auch substitutionelle oder zellulare Unordnung genannt, in der zwar unterschiedliche Atome streng periodisch angeordnet sind, die individuelle Verteilung der verschiedenen Atomsorten jedoch willkürlich ist (u. a. ungeordnete Legierungen und Mischkristalle),

2. *Topologische,* auch strukturelle oder positionelle *Unordnung,* bei der keine periodische Anordnung der Atome mehr gegeben ist (amorphe Festkörper, Gläser, flüssige Metalle, stark dotierte Halbleiter u. a.),

3. *Unordnung der magnetischen Momente* (magnetische Unordnung), wie sie im kristallinen Festkörper von Elementen und Legierungen oberhalb der magnetischen Ordnungstemperatur auftritt.

Ferner neigt man heute dazu, auch von elektronischer Unordnung zu sprechen. Darunter sind angeregte Atome zu verstehen, die eine Ungleichheit in den elektronischen Zuständen der Atome des betrachteten Systems bewirken.

- kompositionelle (substitutionelle) Unordnung

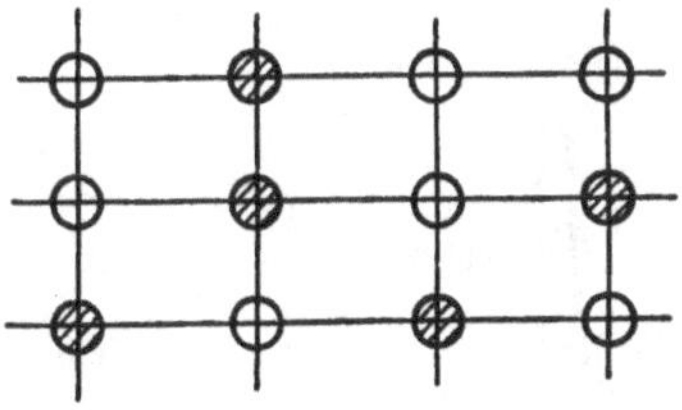

- topologische Unordnung

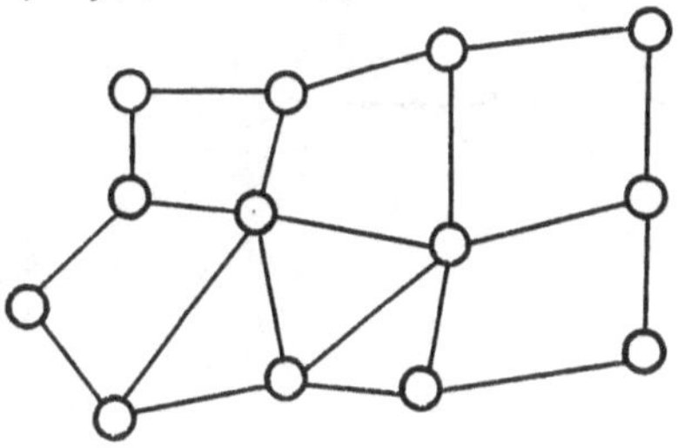

- Unordnung der magnetischen Momente (magnetische Unordnung)

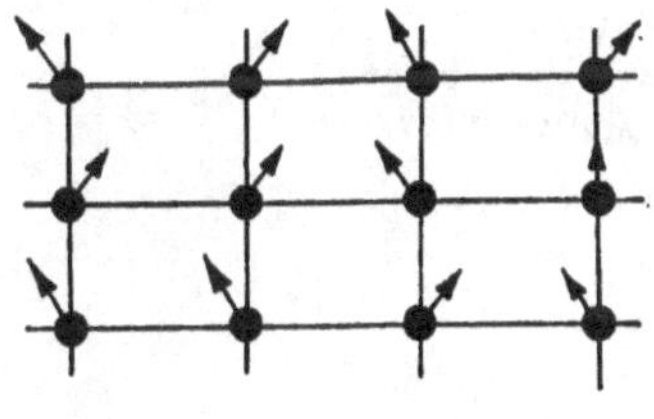

Abb. 1 Illustration der verschiedenen Arten von Unordnung

Bezüglich der Anordnung der Atome kann der amorphe Festkörper als eine präformierte unterkühlte Flüssigkeit aufgefaßt werden. In dieser wird infolge der hohen Werte der Zähigkeit unterhalb der Glas-Transformationstemperatur eine flüssigkeitsähnliche geometrische Anordnung der Atome aufrechterhalten. Die Atomanordnung kann in gewissem Sinne als definiert nahgeordnet, aber nicht als ferngeordnet angesehen werden.

Detaillierte Röntgen- und Elektronenbeugungsuntersuchungen haben sehr viel zur Charakterisierung der Anordnung der atomaren Bausteine in einem Festkörper beigetragen. Die Streukurven der metallischen Gläser sind denen metallischer Schmelzen sehr ähnlich. Die strukturelle Information, die sich aus der Interferenz-

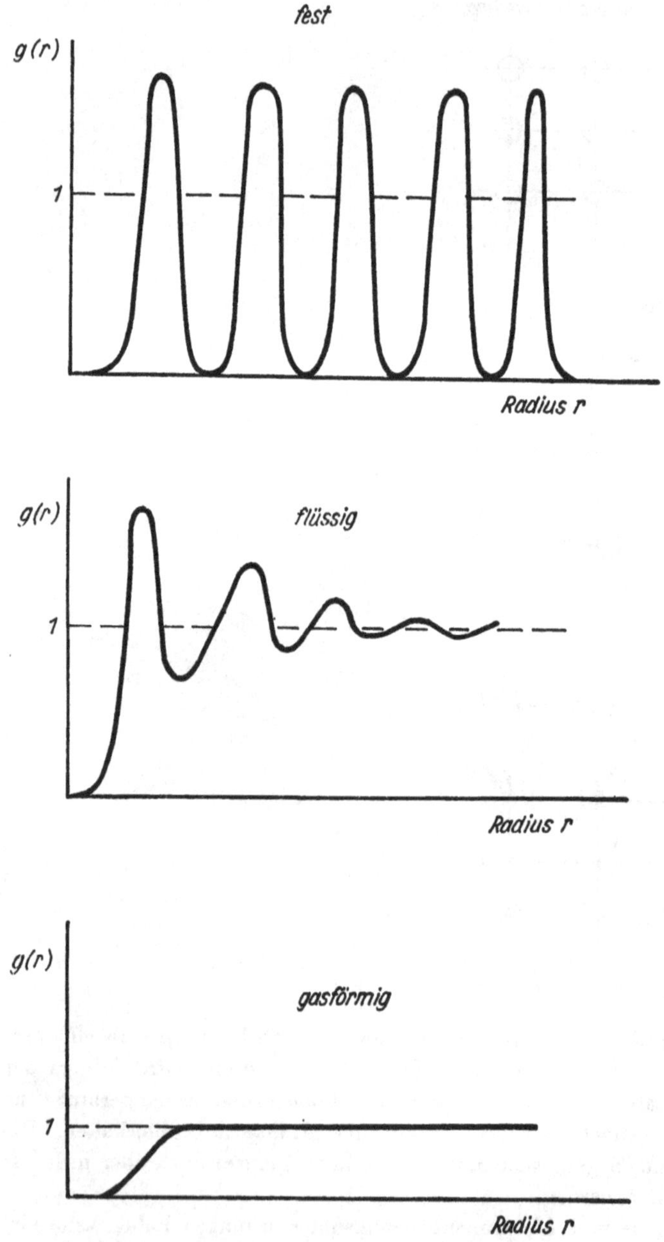

Abb. 2 Reduzierte radiale Verteilungsfunktion für einen Festkörper, eine Flüssigkeit und ein Gas

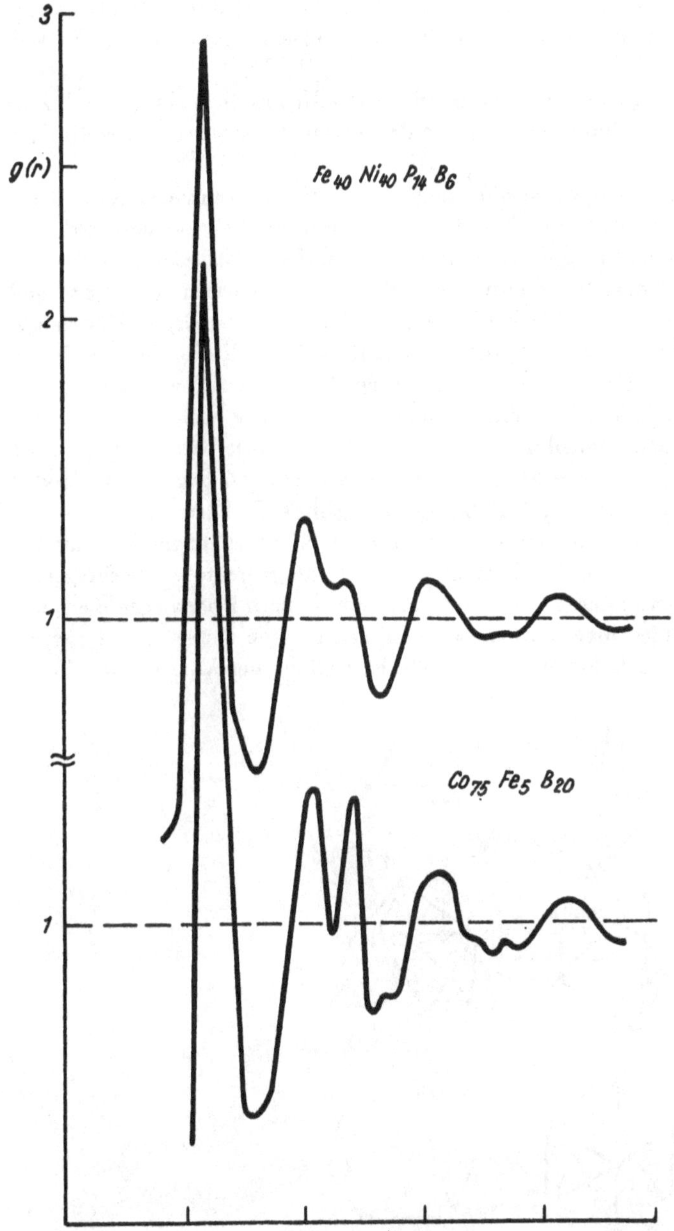

Abb. 3 **Experimentell bestimmte reduzierte radiale Verteilungsfunktionen für amorphe Übergangsmetall-Glasbildner-Legierungen**

funktion gewinnen läßt, ist die radiale Verteilungsdichtefunktion (RDF), die die Wahrscheinlichkeit, in einem gegebenen Abstand von einen Zentralatom ein weiteres Atom zu finden, angibt.

Abbildung 2 demonstriert die charakteristischen Unterschiede in der reduzierten radialen Verteilungsfunktion g (r) für den festen, flüssigen und gasförmigen Zustand.

Die RDF wird aus dem winkelabhängigen Verlauf der Beugungsintensität berechnet. Die Meßwertaufbereitung ist relativ kompliziert. Es sind entsprechende Korrekturen der Meßwerte auf Untergrund, Absorption, Polarisation und Compterstreuung notwendig, die Intensitäten auf absolute Einheiten zu bringen und eine Fourier-Transformation durchzuführen. Die RDF's für amorphe Übergangsbasis-Legierungen haben einen typischen Verlauf (siehe Abb. 3). Charakteristisch ist insbesondere die oft beobachtete Aufspaltung des zweiten Peaks, was in den entsprechenden Metallschmelzen nicht beobachtet wird. Die experimentellen Ergebnisse führen zu der Vorstellung, daß der Aufbau der metallischen Gläser einer dichten regellosen Packung der Atome entspricht. Abbildung 4 zeigt die im Modell von Bernal benutzten Polyeder für die dichte regellose Packung der Atome. Es wurden und werden aber auch relaxierte mikrokristalline Strukturmodelle zur Berücksichtigung, insbesondere der chemischen Nahordnungseffekte vorgeschlagen.

Die Ordnungs-Unordnungs-Problematik mag man je nach Überwiegen des einen oder anderen Zustandes angehen, man wird auf alle Fälle in der exakten Beschreibung nicht ohne sie auskommen. Die gezielte Einstellung der Mikro- und Makro-

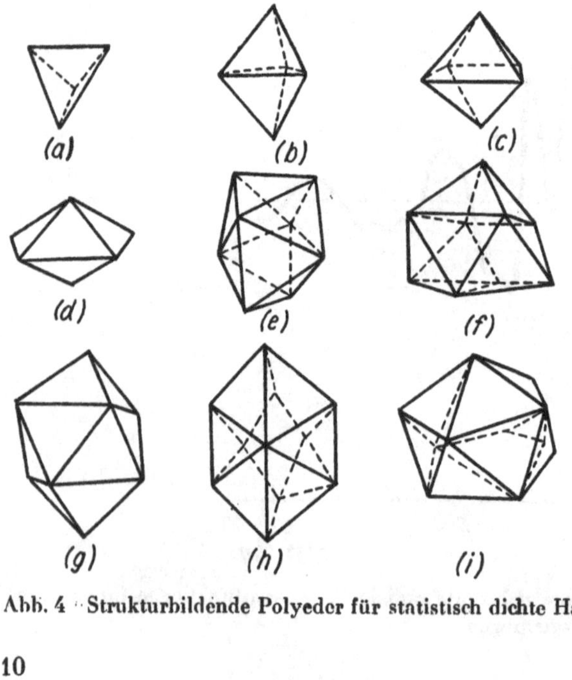

Abb. 4 Strukturbildende Polyeder für statistisch dichte Hartkugelpackungen

struktur bietet stets neue Ansatzpunkte für die Entwicklung neuer Werkstoffe bzw. von Werkstoffen mit verbesserten Eigenschaftskombinationen.

Metallische Gläser stellen die jüngste Werkstoffgruppe diesbezüglich dar. Zwar sind amorphe Festkörper allgemein nichts Ungewöhnliches. Dem Menschen ist das Glas seit dem mesopotamischen Zeitalter bekannt. Neben den klassischen Typen von Gläsern und Glaskeramiken, die eine merkliche Weiterentwicklung und zahlreiche interessante und wichtige Anwendungen gefunden haben, entstand in den letzten 15—20 Jahren ein breites Interesse an amorphen Halbleitern. Neu hinzugekommen sind seit 1960 nun die amorphen metallischen Gläser, die allerdings gegenüber vielen organischen und anorganischen Systemen eine viel größere Abkühlrate für das Erreichen des Glaszustandes aus der Schmelze erfordern.

Der Anstoß zur intensiveren Beschäftigung mit diesen eigenartigen Substanzen kam sowohl aus der Verfahrenstechnik als auch aus der Grundlagenforschung.

Verfahren der raschen Abkühlung metallischer Systeme sind dem Metallkundler seit langem bekannt. Mittels der schnellen Erstarrung ist es möglich, Struktur und Eigenschaften der metallischen Systeme wesentlich zu beeinflussen und zu kontrollieren.

Die Entwicklung geeigneter technischer Verfahren zur Erreichung hoher Abkühlraten und die Untersuchung der Wirkungen höherer Erstarrungsgeschwindigkeiten sind daher seit langem zu einem intensiv bearbeiteten Gegenstand der Forschung geworden.

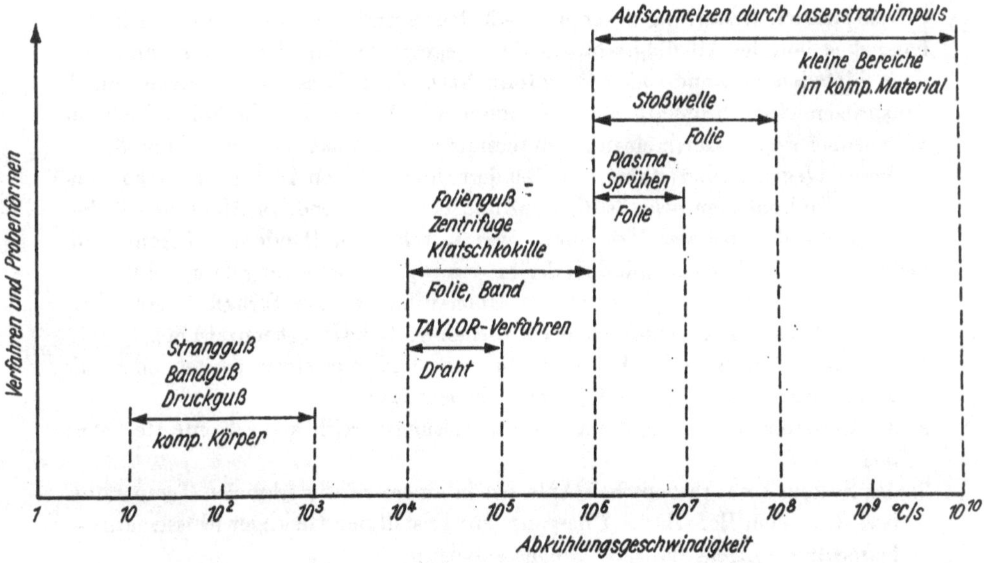

Abb. 5 Verfahren und Probenformen zur Darstellung amorpher Metallegierungen in Abhängigkeit von der Abkühlgeschwindigkeit, nach [1]

Konventionell metallurgische Verfahren	*Metallische Gläser*
Schmelzen	Schmelzen
|	|
Gießen	Gießen des Bandes
|	
Schmieden	
|	
Walzen	
|	
Wärmebehandlung	
|	
Ziehen	
|	
Wärmebehandlung	
|	
Walzen zum Band	

Abb. 6 Prozeßstufen der Herstellung metallischer Bänder

Die für Eisenlegierungen notwendigen Abkühlgeschwindigkeiten sind besonders hoch. In Abbildung 5 sind eine Reihe klassischer Verfahren sowie Verfahren der extrem raschen Erstarrung zusammen mit den erreichbaren Probenformen in Abhängigkeit von der Abkühlgeschwindigkeit eingetragen. Die Herstellung von amorphen Metallen in Band- oder Drahtform bzw. als Pulver erfolgt zumeist durch Aufspritzen einer Schmelze auf eine rotierende Walze, wo ein hohes Maß an Wärmeübertragung durch einen guten thermischen Kontakt gesichert sein muß.

Dieser Weg der Herstellung von Bändern und Drähten ist gegenüber konventionellen Technologien prozeßstufenarm und energiesparend. In Abbildung 6 sind die Prozeßstufen bei der Herstellung von metallischen Bändern auf konventionellem Wege im Vergleich mit dem der extrem raschen Erstarrung dargestellt.

Die Ergebnisse der experimentellen Untersuchungen zur Struktur derart hergestellter Werkstoffe gegenüber den klassischen ist dadurch gekennzeichnet,

1. daß das Röntgen- oder Elektronenbeugungsbild nur einen breiten oder nur wenige sehr breite, sich überlappende Ringe aufweist
2. die Elektronenmikroskopie im Höchstauflösungsbereich keine Kontraste liefert und
3. das System beim thermischen Anlassen in einem relativ schmalen Temperaturbereich — dem Bereich des Übergangs zur kristallinen Gleichgewichtsstruktur — beträchtliche Eigenschaftsänderungen entwickelt.

Der Begriff Glas beinhaltet darüber hinaus noch die Existenz einer Glas-Transformationstemperatur, zu deren experimentellen Bestimmung auftretende reversible, kontinuierliche Übergänge in der Viskosität, der spezifischen Wärme oder des thermischen Ausdehnungskoeffizienten u. a. genutzt werden.

Gegenwärtig ist es trotz umfangreicher theoretischer und experimenteller Untersuchungen aber noch nicht möglich, exakt vorherzusagen, mit welcher Methode bzw. bei welcher Größenordnung der Abkühlrate welche Substanz in einen festen Zustand mit einer relativ hohen Stabilität gebracht werden kann, obgleich es zahlreiche Arbeiten zur Klärung der Glasbildungsbedingungen, ausgehend von einer Beschreibung der Keimbildung und des Wachstums der Keime, mithin der Vorgänge der Kristallisation gibt.

3. Eigenschaften der metallischen Gläser

Metallische Gläser werden nach bisherigen Beobachtungen von einer Vielfalt von Systemen gebildet. Abbildung 7 gibt eine Klassifikation der metallischen Gläser. Die Verbindung der im kritischen Bereich des Phasenüberganges flüssig-fest ablaufenden Reaktionen durch Abkühlraten ab 10^4 K/s ergibt erhebliche Abweichungen der Systeme vom Gleichgewicht und quantitativ als auch qualitativ neue physikalische Eigenschaften.

- Übergangs- oder Edelmetalle mit glasbildenden Metalloiden [Fe PC, Fe B, Fe Ni PB]
- Metalle 1. Art mit Metallen 2. Art [Cr Al]
- Übergangsmetalle vom Anfang und Ende der Übergangsmetallreihe [Zr Pd, Nb Ni]
- Übergangsmetalle mit seltenen Erden [GdCO]
- Metalle 2. Art untereinander [Mg Zn]

Abb. 7 Klassifikation der metallischen Gläser

Damit bilden die metallischen Gläser den Ausgangspunkt für die Entwicklung neuer Sonderwerkstoffe mit verbesserten oder neuartigen Eigenschaftskombinationen und oberflächenveredelten Massenwerkstoffen.

Es sei allgemein vermerkt, daß der wissenschaftlich-technische Fortschritt im Einsatzbereich der Sonderwerkstoffe ganz entscheidend mit der Bereitstellung verbesserter oder neuartiger Werkstoffe verbunden ist. Die Weltmarktfähigkeit von Finalerzeugnissen wird durch sie mitbestimmt, während die Oberflächenveredelung von Massenwerkstoffen ein Weg zur Importeinschränkung von Rohstoffen und allgemein zur Verbesserung der Materialökonomie werden kann. Bei den Sonderwerkstoffen ist die Bedeutung nicht durch das absolute Produktionsvolumen, sondern durch das breite Spektrum der Eigenschaften und deren Hochzüchtung bis in die Nähe der physikalischen Grenze gegeben.

Die metallischen Gläser auf Fe-Co-Ni-Basis weisen z. B. bemerkenswerte weichmagnetische Eigenschaften kombiniert mit außerordentlicher mechanischer Härte und einen im Vergleich zu den korrespondieren kristallinen Legierungen höheren spezifischen elektrischen Widerstand auf.

Die Tabelle 1 gibt eine Übersicht über die Größe der Magnetostriktionskonstanten λ, der Koerzitivkraft H_c, der Sättigungsmagnetisierung 4π Ms, der Curiertemperatur sowie des spezifischen elektrischen Widerstandes einer Reihe amorpher Übergangsmetall-Glasbildner-Legierungen.

Tabelle 1
Magnetische Kennwerte ausgewählter metallischer Gläser, nach [2]

	λ_S ($\times 10^{+6}$)	H_C(Oe)	$4\pi M_S$(KG)	T_C(°C)	ϱ ($\mu\Omega$cm)
$Fe_{80}P_{13}C_7$	19,1	0,08	14	310	135
$Fe_{80}B_{20}$	30	0,04	16	374	140
$Fe_{69}Co_{18}B_{13}$	–	–	19,1	–	–
$Fe_{86}Ni_3Co_1B_5C_5Si_2$	9	0,07	17,5	–	–
$Fe_{86}B_8C_6$	–	–	> 17	–	–
FeSi 6,5 Gew. % (metastab. kristall. Leg.)	–	0,7	18	700	80
$Fe_{40}Ni_{40}P_{14}B_6$	11	0,019	8,2	247	180
$Fe_{40}Ni_{38}Mo_4B_{18}$	9	0,07	8,8	326	–
$Fe_3Co_{72}P_{16}B_6Al_3$	0	0,015	6,3	260	–
$Co_{79}Fe_{6,5}B_{14,5}$ gesputterte Probe	0,2	0,05	–	–	90
$(Co_{0,94}Fe_{0,06})_{75}Si_{15}B_{10}$	0,1	0,002	5	320	180
$Co_{49}Ni_{20}Mn_7Si_{11}B_{13}$	0,1	0,08	–	–	–
$Co_{58}Ni_{10}Fe_5Si_{11}B_{16}$	0,1	0,08	–	–	–

Man beobachtet bei ihnen im allgemeinen einen geringeren Wert der Sättigungsmagnetisierung als bei den vergleichbaren kristallinen magnetischen Legierungen. Obgleich keine magnetische Kristallanisotropie vorhanden ist, erweisen sich die magnetischen metallischen Gläser keinesfalls als magnetisch homogen und lokal isotrop. Vielmehr treten in diesen Materialien lokale einachsige magnetische Anisotropien mit räumlich inhomogen verteilter Vorzugsrichtung auf, die magnetostriktiven Ursprungs oder wachstumsinduziert bzw. magnetfeldinduziert sind.

Zur Erreichung extrem weichmagnetischer Kennwerte ist es erforderlich, die chemische Zusammensetzung sehr genau einzustellen und die erhaltenen Legierungssysteme geeignet thermisch zu behandeln. Man spricht gegenwärtig von einer Reihe potentieller Anwendungsmöglichkeiten in der Elektronik und Elektrotechnik. Sie sind in Abbildung 8 zusammengestellt.

Besonders hervorzuheben ist der bis um den Faktor vier kleinere spezifische elektrische Verlustwerte von amorphen Fe-Basislegierungen im Vergleich zu den bekannten Elektroblechen. Jedoch besitzen sie eine geringe Sättigungsmagnetisierung.

Von den mechanischen Eigenschaften sind die außerordentlich hohen Werte für die Zugfestigkeit und die relativ hohe Bruchzähigkeit hervorzuheben sowie die

Kombination hoher Festigkeit, Steifigkeit, Härte und Duktilität. Die Tabelle 2 gibt eine Übersicht zu den mechanischen Kenndaten einer Reihe metallischer Legierungen. Man erwägt, die metallischen Gläser wegen ihrer außerordentlichen Festigkeit und Härte u. a. als Verstärkungsmaterial für Reifen, Plaste, Beton sowie als Schneidwerkzeug einzusetzen.

1. Magnetkopfmaterial für die Signalaufzeichnungstechnik
   (hohe Antriebfestigkeit bei guten weichmagnetischen Eigenschaften)
2. Magnetische Abschirmung z. B. in Form von Geflechten, Flechtschläuchen oder Folienstreifen
   (keine Verschlechterung der magnetischen Eigenschaften durch mechanische Einflüsse)
3. Energietechnik z. B. in Verteilertransformatoren
   (geringe Ummagnetisierungsverluste)
4. Verschiedene Gebiete der Elektronik

a) Übertrager und Drosseln für elektronische Stromversorgungen, Impulsübertrager, Magnetverstärker, Stromwandler u. a.
   (vorzugsweise als weichmagnetische Legierungen in Form von Ringbandkernen)
b) Magnetomechanische Anwendungen in Verzögerungsleitungen und mechanischen Filtern

Abb. 8 Anwendungsmöglichkeiten amorpher Magnetika in der Elektronik/Elektrotechnik

Erwähnt sei auch, daß durch geeignete Verfahren Werkstoffe mit einer amorphisierten Oberfläche hergestellt werden können, womit ein gewisser Oberflächenschutz und bzgl. des mechanischen Verhaltens besonders das Verschleißverhalten verbessert werden kann. Die bessere Korrosionsbeständigkeit ist insbesondere auf die wesentlich größere Homogenität der Oberfläche amorpher Werkstoffe gegenüber kristallinen Materialien zurückzuführen. Gegenüber mehrphasigen Strukturen, die Korngrenzen, Einschlüsse und andere physikalische wie auch chemische Inhomogenitäten besitzen, können die metallischen Gläser als einphasige Struktur betrachtet werden.

Als Ursache für die relativ große Korrosionsbeständigkeit kann einerseits, wie bei kristallinem Material, ein anodischer Oberflächenfilm sein, der entsprechend der großen Homogenität des amorphen Werkstoffes ebenfalls nahezu frei von Defekten ist und somit keine Potentialdifferenzen aufweist. Andererseits kann aber auch die relativ große Metalloidkonzentration einen starken Einfluß auf die Kinetik der kathodischen Teilreaktion haben. Die amorphen Metalle werden als neue Modellsysteme auch für diese Fragen unsere Kenntnisse erweitern helfen.

Die Verfahren der raschen Erstarrung sind ebenso für die Herstellung neuartiger metastabiler mikrokristalliner Legierungen zu betrachten. Das Interesse konzentriert sich auf hochlegierte Superlegierungen, Aluminiumlegierungen und rostfreie Stähle, wobei Verbesserungen in der Festigkeit, Duktilität und Warmfestigkeit sowie hohe Korrosions- und Oxydationsbeständigkeit angestrebt werden.

Tabelle 2
Mechanische Kennwerte ausgewählter metallischer Gläser, nach [2]

Legierung	Viekershärte [GNm⁻²]	Bruchfestigkeit σ_B [GNm⁻²]	Elastizitätsmodul E [GNm⁻²]	E/σ_B
$Fe_{80}B_{20}$	11	3,2	172	54
$Fe_{80}P_{13}C_7$	7,6	3,1	124	40
$Fe_{78}Si_{10}B_{12}$	9,1	3,4	128	38
$Fe_{72}Cr_8P_{13}C_7$	8,5	3,85		
$Fe_{40}Ni_{40}P_{14}B_6$	6,4	1,75	147	84
$Fe_{32}Bi_{36}Cr_{14}P_{12}B_6$	7,5	1,95	147	75
$Pd_{80}Si_{20}$	3,25	1,36	87	50
$Pd_{79,5}Au_4Si_{16,5}$		2,75	87	32
$Pd_{77,5}Cu_6Si_{16,5}$		1,86	84	45
$Pd_{73}Fe_7Si_{20}$	4,1	1,9		
$Cu_{57}Zr_{43}$	5,4	2	76	38
$Ni_{75}Si_8B_{17}$	8,6	2,7	105	39
$Co_{75}Si_{15}B_{10}$	9,1	3	106	36

Abschließend sei vermerkt, daß der Einsatz dieser weitgehend noch ungewöhnlichen Materialien u. a. davon abhängen wird, wie es gelingt, die technologischen Probleme ihrer Herstellung zu beherrschen. Große Aufmerksamkeit in der Forschung gilt auch der thermischen Stabilität und damit der Lebensdauer derartiger Systeme. Nicht zuletzt bietet der amorphe Zustand die Möglichkeit, prinzipiell die Kenntnisse über den Zusammenhang zwischen Struktur und Eigenschaften von Systemen mit einem hohen Grad an Unordnung zu vertiefen.

Literatur

[1] H. Wiesner, Dissertation TU Dresden, Mai 1975.
[2] J. Schneider und W. Pompe, Neue Hütte, 24. Jahrgang, Heft 10, (1979) 379.

Kolibri 360 GmbH
Ferdinand-Jühlke-Straße 7
99095 Erfurt, Deutschland
produktsicherheit@kolibri360.de